探索新领域

[德]米苏夫人 著
谭秋果 译

青岛出版集团 | 青岛出版社

Madame Missou ist schlagfertig
© 2017 GABAL Verlag GmbH, Offenbach
Published by GABAL Verlag GmbH
Simplified Chinese Language Translation Copyright © (Year of Publication)
by Qingdao Publishing House Co., Ltd.
Arranged through CA-LINK International LLC. (www.ca-link.cn)

山东省版权局著作权合同登记号　图字：15-2021-233

图书在版编目（CIP）数据

探索新领域 /（德）米苏夫人著；谭秋果译 . — 青岛：青岛出版社，2022.1

ISBN 978-7-5552-3315-2

Ⅰ . ①探… Ⅱ . ①米… ②谭… Ⅲ . ①女性 – 成功心理 – 通俗读物 Ⅳ . ①B848.4-49

中国版本图书馆CIP数据核字（2021）第223466号

书　　名	探 索 新 领 域 TANSUO XIN LINGYU
著　　者	[德]米苏夫人
译　　者	谭秋果
出版发行	青岛出版社
社　　址	青岛市崂山区海尔路182号（266061）
本社网址	http://www.qdpub.com
邮购电话	0532-68068091
策　　划	周鸿媛　王　宁
责任编辑	王　韵
特约编辑	孔晓南
封面设计	毕晓郁
照　　排	青岛乐道视觉创意设计有限公司
印　　刷	青岛双星华信印刷有限公司
出版日期	2022年1月第1版　2022年1月第1次印刷
开　　本	32开（710毫米×1000毫米）
印　　张	3.5
字　　数	40千
书　　号	ISBN 978-7-5552-3315-2
定　　价	29.80元

编校印装质量、盗版监督服务电话　4006532017　0532-68068050
建议陈列类别：心理自助　励志

前言

你有时会觉得你的生活过于平淡和程式化吗？在过去的日子里，对于生活中大大小小的麻烦，你是不是选择视而不见，一直按部就班地生活？诚然，墨守成规能让你的人生不偏航，但是也很容易使你对自己的生活现状不满。你有没有想过，让你感到不满的可能是你的生活方式？

如果你不满意当前的生活，最好对生活方式做出一些改变，而且马上就开始。**现在就打破常规，让你的生活焕然一新吧！**

别担心，这里所说的做出一些改变并不是让你移居国外或者换一份工作。你也不需要离开伴侣，独自隐居在偏远的山村中。你只需要做出在此时此刻能够立刻付诸实践的小小的改变就可以了。俗话说得好：欲速则不达。只要用一种放松的心态开始尝试改变，你就会惊奇地发现，即使是很小的改变也能带来巨大的收获。

最重要的一点是，要重新燃起对生活的热情，敢于尝试新事物。热情是让我们永葆活力的良药，也有助于让我们的生活充满激情。人只有热爱生活，抱着开放的心态面对生活，才能超越自我，享受生活的乐趣。这听起来很棒，不是吗？我本人也非常热衷于不断尝试新事物。

抱歉，我还没有做自我介绍：我是米苏夫人。对我来说，端着一杯拿铁和我最好的朋友闲谈，就足以让我感到幸福！

来吧，让我们投身到发现生活乐趣的奇妙旅行中，一起大胆尝试新事物吧！

米苏夫人

目录

有助于走出舒适区的30个练习	1
• 热身	4
• 展现勇气和毅力	32
• 找到平衡点	62
激情催人奋进	93
• 学会自我肯定	94
• 写成功日记	98
好了,就这么多!	101

有助于走出舒适区的30个练习

现在,是时候走出舒适区了,这是你迈进令人激动的崭新生活的第一步。当然,在这个过程中,你会感到恐慌和畏惧,但是要注意不要让这些情绪占据上风,因为它们会阻碍你步入新生活。

别担心,正如我在前言中提到的,即使是很小的改变也能带来巨大的收获。我已经尝试做了几个练习,接下来我会分享一下我的经验。尽管这些练习是按顺序排列的,但是你也可以根据实际情况,在实践时打破顺序。**拿出你的勇气来,赶快尝试一下吧!**

画重点

只有当你大胆地走出舒适区,主动改变墨守成规的生活方式时,你才能够充分地释放出自己的潜能。

热身

让我们先从一些简单的练习开始吧。当你艰难地迈出第一步时,也许胃部会因不安和焦虑而出现不适感,请先学会适应这种不安和焦虑的感觉。要知道,当一个人第一次接触全新的事物时,有这种感觉是很正常的。过一段时间之后,你才能真正体会到那种美妙的感觉。但是有一点我可以向你保证:

当你完成了下面这些练习后,你会觉得自己所向披靡!

用左手刷牙

想要在清晨让大脑迅速清醒,激发大脑的活力,你可以尝试一下下面这个练习:用左手而不是右手刷牙(如果你是左撇子的话,就尝试用右手刷牙)。

刚开始这么做的时候,你可能会将牙膏沫溅到身上或者浴室的镜子上,但是千万不要灰心,这是很正常的,万事开头难。根据我的经验,前几次尝试的时候不妨穿上浴袍。在进行这个练习以及后面的多个练习时,都要记住:**永远不要过早放弃!**说不定你很快就能够一边用左手刷牙,一边用右手梳头或者玩填字游戏了。我向你保证,如果你已经能够非常熟练地用左手刷牙,那么你完全可以尝试去完成一些非常复杂的填字游戏。想打赌吗?

用茶或果汁代替咖啡

早上好!也许你已经习惯了每天早晨下床时先迈左脚再迈右脚,然后去冲泡一杯现磨的咖啡。

现在,尝试和这个习惯说再见吧,毕竟你已经下定决心改变过去的生活方式了。试着把咖啡换成其他更健康的饮料,不是更好吗?

你可以每天早晨喝一杯姜茶或果汁(最好是鲜榨果汁),这样做可以使你的身体充满能量,血液循环也随之加快。

的确,这个练习对那些咖啡爱好者来说是一个不小的挑战。"难道我要放弃自己喜欢的饮料吗?"咖啡爱好者们可能会这样想,但实际上,这个练习最主要的目的是要你改变以前的一些习惯，而不是要你放弃喜欢的食物。

所以，请在下午再端起咖啡杯吧！ 和一位好友相约在咖啡馆见面，尽情地享用一杯拿铁或者卡布奇诺——只要是你喜欢的都可以。喝咖啡对提高工作效率很有帮助。之所以建议你在下午喝咖啡，是因为下午的时候人们的精力和注意力会明显下降，适量的咖啡因有助于激发活力。

午休时间到

现在,是时候充分利用宝贵的午休时间了。与其像平常一样和同事去食堂或者外面的餐厅吃饭,倒不如提前准备一份健康的轻食沙拉当作午餐。

接下来呢?很简单,去散散步吧,比如去公园闲逛。可以随身携带一条毯子,在公园里找一条长凳坐下来,安静地欣赏周围的风景,有意识地让自己融入周围的环境中。这会帮你放空自己,收获能量,并且让你怀着愉快的心情去度过这一天剩下的时光。

而且,说不定你会在散步的途中有一些精彩的奇遇呢!

读一些不一样的内容

很多人会选择利用早晨的时间看看报刊或者公众号上的文章。无论是阅读纸质刊物还是电子刊物，几乎每一位读者都有自己感兴趣的话题。那么，现在开始尝试读一些不一样的内容吧：仔细阅读那些平时你会直接略过的文章。

例如：下一次在候诊室等待医生的时候，不要再像以前那样手捧一本时尚类的杂志，而是尝试阅读一下建筑类的杂志。你也可以订阅一本以前从未阅读过的杂志。

你所做的这一切能够为你带来意想不到的收获，因为新的事物会促使你与世界建立新的联系，从而帮你打开一扇新的认识这个世界的窗户。

读一些没有读过的内容，
思考一些没有想过的问题。

全新的打扮

在你的衣柜中，是否有一条你从未穿过的特别惊艳的连衣裙、一条紧身牛仔裤或者一件蕾丝衬衫？我想肯定有，因为我的衣柜中就有很多。这样你就具备完成这个练习所需要的条件了，这些被你束之高阁的衣服终于能够派上大用场了！

今天，不要再穿那些你觉得舒适和合身的衣服了，从舒适区大胆地向外跨出一步吧，穿上那些原本为了特殊时刻而准备的特别的衣服。**为什么？因为今天就是属于你的特殊时刻。**

大胆地穿上那些引人瞩目的衣服吧！打扮一番后，一定要走出家门，去做那些平时穿着普通的衣服也会做的事——购物、散步或者和朋友聚餐。我向你保证，你周围的人都会对你刮目相看，你自己也会有一种飘飘欲仙的感觉。

勇敢一点吧！到了第二天你就会发现，你之前在家里照镜子时所担心和忧虑的那些事都微不足道。**尽情享受别人给予你的赞美之词吧！**

画重点

"人靠衣装"这句话不无道理。那些懂得打扮和在别人面前展示自己的人,确实能够得到更多的关注。

换一种休息方式

下面,让我们谈谈午休这个话题。午休对于许多人来说已经成了一个雷打不动的习惯。我们总是在每一天的同一时间开始午休,也许是下午一点,也许是其他时间。我们早已习惯了这种生活节奏。因此,当你尝试改变这种节奏时,可能会感到难以集中注意力,这不足为奇。为了养成

更好的习惯,建立更高效的休息模式,忍受暂时的不适是值得的。你需要有意识地训练自己,让自己学会更高效的休息方法。

研究表明,每隔一段时间就短暂地休息几分钟的效果比一次休息较长时间的效果要好,比如每小时都花五分钟的时间离开座位,到室外呼吸

一下新鲜空气,吃一点零食或者做一些运动。

需要注意的是,当你到室外休息的时候,记得要走楼梯而不是乘坐电梯,这样你不仅能够锻炼身体,还有可能遇到一些同样爱锻炼身体的同事,说不定会有更多令人惊喜的奇遇在等待着你呢!

总之,你应该时不时地起身活动一下,**最好像猫伸懒腰一样做一下伸展运动**,这样可以预防肌肉紧张和疲劳。

尝试用手吃饭

用手吃饭？天哪，这听起来也太让人难以接受了！但是我们现在要做的就是改变生活方式，其中当然也包括用餐方式。

今天，尝试借助你的手来享用美味的饭菜吧。在吃饭前，先把手彻底清洗干净，然后选择一种方便用手拿取的食物，比如米饭、土豆或者其他果蔬。第一次用手吃饭可能会额外耗费一点时间，但是相信我，**这种用餐方式能够带给你十分特殊的感官体验。**

我的建议：

尝试在一次生日聚会的时候和朋友们一起用手拿取食物吧！你可以准备各种五彩缤纷的食物来招待朋友们，鼓励大家一起用手拿取它们，我保证你们会收获巨大的乐趣！最重要的是：你的朋友们会永远铭记这个夜晚。

这是属于你的时间!

打开音乐，暂时不说话

给自己一小时的时间，不要让任何人和任何事打扰你。挑选几段经典的纯音乐，或者询问一下别人有哪些不错的能让人放松  下来的曲目可以推荐给你，也可以将收音机调到古典音乐电台。做完这些后，你就可以惬意地躺在沙发或地板上。请你闭上眼睛，在接下来的一小时中，独自一人静静地聆听音乐，始终不要睁开眼睛。你会发现，哪怕在你工作很忙碌时，这样做也可以让你很快地进入专注、头脑清醒和深度放松的状态，变得平静。

是不是很神奇？

如果你没有进入这种状态，请将注意力集中到音乐的每一个音符上，让自己的思绪随着旋律飘荡。平静、均匀地吸气和呼气，同时注意运用腹式呼吸法。慢慢地，你就会感受到能量在体内流动，有一种焕然一新的感受。

我最喜欢的能让人放松下来的音乐

闭上眼睛享用美食

也许你曾经听到过这样的说法:相对于普通人,盲人其他感官的感知能力更强。想不想体验一下?你可以准备一些可口的菜肴,不要给自己设置任何口味方面的限制,然后试着在轻松的用餐氛围中闭上或蒙上眼睛,好好地感受食物:它尝起来味道如何?闻起来怎么样?温度和黏稠度合适吗?

相信我,你会对每天都吃的食物有一种全新的感受!

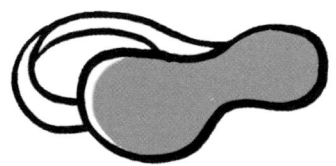

我的建议：

你可以和周围的人一起做这个练习。邀请你的家人和朋友来参加一次"蒙眼聚餐"。你也可以和伴侣一起做这个练习，这会是一次能够使你们的感情升温的经历。

不要让手机触手可及!

远离手机

如今,在忙碌的日常生活中,我们很难有一段时间完全不需要接电话和回信息。但是我们还是应该尝试让自己享受一下这种不被打扰的感觉,对吗?

扪心自问,在独处或者和家人、朋友共处一室时,你能做到不看手机吗?我猜你的答案是否定的,其实我也是这样。做这个练习时,你需要改变旧习,然后你就会惊奇地发现这种感觉有多棒!

找一个合适的日子或一个合适的时间段,关掉你的手机。相信我,一开始你可能会觉得无聊、不安甚至焦虑,但是只要坚持一会儿,你就可以全身心地享受当下

的时刻，获得从未有过的平静。

你可以在生活中时不时地插入一些"无手机日"，在这些日子里，周围的人将无法和你取得联系。不用担心，即使没有手机，生活还是会照常进行。不仅如此，你还会感到更自由、更放松。通过定期远离手机，你能够放慢生活节奏，获得宝贵的属于自己的时间，让自己有精力去做那些真正让你感到愉悦的事。

展现勇气和毅力

如果你已经完成了上述所有练习,那么现在的你已经走出了舒适区,可以开始准备彻底地打破固定的行为模式了,恭喜你!但是在开始下一项练习之前,有一点我要向你解释清楚:**有固定的行为模式本身并不是一件坏事!**

相反,正是因为我们有固定的行为模式,才能够把工作事务、生活琐事处理得井井有条。不仅如此,有固定的行为模式也能帮助我们有效地应对一些糟糕的突发状况。这些行为模式在无形中为我们的生活构筑了一个框架,我们常常将其视作自己的"安全网"。

只有当我们过于按部就班时，固定的行为模式的存在才会成为一个问题。日复一日，年复一年，每一个动作、每一个步骤都按照大脑设置好的程序重复着——这样真的非常糟糕！每天，我们在同一个时间起床、打开咖啡机、洗漱、穿衣、吃饭、出门……这就是我们平庸的生活的全部。同样，当刚开始做一份工作时的新鲜感过去之后，我们在工作时也变得越来越墨守成规。我们知道自己每天会遇到什么事，对周围的同事也非常熟悉，每天都和同一群人一起吃午餐……这一切都很难激发出我们对生活的激情。久而久之，我们不可避免地会觉得无聊，最终，会觉得自己失去了活力，不管做什么事都提不起干劲，整日筋疲力尽。

为了避免陷入这样的境地，**赶快打破固定的行为模式吧！** 现在，你非常有必要拿出自己的勇气和毅力，**大胆地开始下一阶段的练习！**

条条大路通罗马

尝试新的路线能够让你拥有新的经历，而新的经历会为你的生活注入活力。只有不走寻常路，你才能够拥有各种奇遇，而这正是你的目标：为平淡的日常生活增添更多惊喜！

既然你渴望寻求变化，就应该大胆地探索，比如上班时选择一条完全未知的路线。尽量早一点出发，如果你是开车上班，最好不要使用导航设备，因为这样你才能拥有真正的冒险之旅。相信一路上你会有很多新奇的发现，等到达公司后你可以和同事聊一聊自己的奇遇。

此外，你完全可以放弃开车或乘坐舒适的公共交通工具，改为骑自行车或者步行上下班，这样你就能够在新鲜空气的环绕下开始新的一天，还能顺便完成早间运动，变得更有幸福感。

当你尝试新路线或新的出行方式时，你就能用全新的眼光看待周围的世界，发现新的风景。

换个新发型

毫无疑问,一个美丽的新发型能使你提升外在形象,增加你的魅力值,让别人对你产生良好的印象。既然如此,为何不大胆尝试着改变一下发型呢?这并不意味着你要将飘逸的长发剪短,或者将黑发染成金发。如果你无法接受过于明显的改变,为何不尝试着对自己的发型做一些细微的改变呢?你可以尝试着修剪发梢,或者更为频繁地改变扎头发的方式。

一个美丽的新发型能够让你成为众人关注的焦点,帮助你增强自信。身边人的赞美也能为你的生活注入更多的活力。

我的建议：

时尚博主的微博、时尚类的手机应用程序等都可以成为你寻找新发型灵感的宝库。无论你是想编辫子、做盘发，还是烫一个狂野奔放的大波浪，你都可以在上面找到相应的教程。

吃没吃过的食物

回到吃饭的话题：等你下次去餐厅用餐的时候，要不要点一道从未吃过的菜？我指的是那些你从未尝试过、不知道是什么味道的新菜。**做好感到失望的心理准备，开始"探险"吧！**即使这道菜不合你的口味，你也有了一段从未有过的经历，事后还可以和朋友、同事谈论一下自己的感受。**如果这道菜恰巧合你的胃口，你以后就有了更多的选择。**

不仅如此，你还可以自己在家研发新菜品，比如翻阅一些讲述不同国家的料理的书籍，参照上面的食谱亲手做一道没吃过的菜。通过这种方式，你会对生活中出现的新事物抱有一种更为开放的心态。这是一个能帮助你打破常规、激发勇气的绝佳练习！

此外，你可以通过写日记或者博客的方式来记录吃过的美食和你的烹饪经历。你也可以在社交媒体上放上食物的照片，并且留下几句点评。

总之，如果你想记录下自己人生中的精彩瞬间，那么无论是品尝新菜品的时候还是亲自动手烹饪的时候，你都可以多拍一些照片，以便在日后反复欣赏。顺便说一句，通过这个练习，我发现了自己最喜欢的一道菜！

祝你有个好胃口。

最激动人心的烹饪经历

在休闲中挥洒创意

你是否曾经渴望不受任何限制地画一幅画、写几行诗、设计一套服装,抑或是天马行空地做一些手工?但现实是,每天当你带着一身的疲惫回到家中时,都觉得因为筋疲力尽,自己已经无法发挥创造力了。现在,是时候改正这个普遍存在的错误认知了:

发挥创造力并不意味着需要额外耗费精力!

恰恰相反,在经历了一天的疲惫后挥洒创意正是放松身心的绝佳方式。不仅如此,这种方式还可以让你的内心变得平静,更有满足感。

请你坚信这一点,然后开始尝试吧!

挥洒创意是
一种绝佳的放松方式!

准备一张大白纸、一块小画布、漂亮的织物等各种你需要用的材料,然后找一个晚上,关掉电视或者电脑,打开音乐播放器,开始尽情地挥洒你的创造力吧。

请随心所欲地创作!

别担心,没有人会对你的艺术作品评头论足。只有你自己能够决定最终的作品是什么样子的。

你也可以从艺术家、你的朋友或者大自然中汲取灵感。**生活中的一切事物都能够带给人灵感和惊喜。**

以积极行动代替消极懈怠

在辛苦地工作了一天之后,你是不是归心似箭,觉得自己已经筋疲力尽,只想赶快回家好好地放松一下?

其实,还有一种方式也可以让你休息和放松下来:

尝试着活跃起来!

与其躺在沙发上慵懒地看电视,不如尝试做点什么,比如走出家门和朋友聚会——不管你有多累!去结识新朋友、做运动、蒸桑拿或者看一场音乐会都可以。总之,**尽管你一点也不想动,也要强迫自己这样做!**

我必须承认,刚开始的时候我也很难做到这一点。但是如果你想跳出舒适圈,就应该积极主动地让自己接触新事物、新环境,即使你对它们一无所知。久而久之你会发现,你不仅获得了许多新体验,还学会了一种全新的休息方式,能更好地为自己"充电"。

那么具体应该如何做呢?

你可以尝试从以下角度思考:你缺乏体育锻炼吗?有没有感兴趣却一直没有尝试过的运动项目呢?你可以从中挑一项适合自己的,然后从参加一堂免费的体验课开始尝试!或者,你是否想在工作之余做一些副业?如果是的话,你可以组建一个团队,因为你周围肯定会有其他人对此感兴趣。你可以找时间和朋友们聚一聚,将自己的想法告诉他们。

试着迈出第一步,然后你会惊奇地发现,在经历了漫长的一天之后,你重新燃起了对生活的热情!

许个愿吧！

你至今仍未实现的秘密愿望是什么？是光顾一家独具特色的餐厅，订购一件超酷的夹克，度过一个完美假期，还是组织一场短途旅行？

每个人的愿望可能各不相同，但我相信每个人的内心深处都有一些因为各种原因而没有实现的愿望。对自己慷慨一点吧，因为你值得奖励。下面这句话很重要：你不仅要送礼物给别人，也要这样对待自己。现在就为你自己准备一份礼物吧！

我的建议:

列一个尽可能长的愿望清单,清单里要囊括你想要的大大小小的物品和你想要做的事。你可以定期浏览一下这份清单或者直接将其挂在房间中,时不时地送给自己一份礼物。

我的愿望清单

对生活说"可以"

如果你想在日常生活中获得更多快乐的体验,就必须保持积极乐观的心态。但是,到底该怎样做才是对的呢?

很简单:**说"可以"而不是说"不可以"!** 当你说"不可以"的时候,其实是把自己封闭了起来,选择了退却和逃避,这会使你错过生活中的诸多精彩。当然,在一些场合懂得拒绝无可非议,但是很多人的问题是总是下意识地说"不可以"。

学会接纳新鲜事物需要一个过程。专门找一天训练自己敞开心扉,拥抱新事物吧!在这一天当中,你要努力对遇到的所有事持开放态度,热情地回答所有人问你的问题,同时积极地探索所有的可能性。

你不仅要对身边的朋友说"可以",也要明确地对自己说"可以",坚定不移地接纳自己。

如果你之前有一些想做的事,考虑了很长时间却由于种种因素最终放弃了,那么现在,请毫不犹豫地对自己说:"可以,没关系!"

"你也想要一份三明治吗?""我知道你现在正在忙,不过我可以问你一个简短的问题吗?""我可以试穿这条裙子吗?""下班之后你想去看一场小型音乐会吗?""你可以嫁给我吗?"

好了,停下来! 对于一些不合理的请求,该拒绝就拒绝。当然,如果提出这些问题的人怀着真诚的态度,你的内心也是犹豫不决的甚至是愿意的,那就勇敢一点接受吧!

现在就积极地行动吧,开始充满了"可以"的一天!

下班之后主动邀约

大多数人把大部分时间都花在了工作上,这就导致下班后他们完全没兴趣再和同事们待在一起。你是不是也有这样的感受?

但是,其实你的每一位同事可能都有诸多独特的兴趣爱好和精彩的人生故事,能够给你带去很大的惊喜。哪些同事让你觉得特别有趣?你对哪些同事早就有好感?主动接近他们吧,比如下班后邀请他们一起喝一杯或者一起做一些有趣的事情。通过这种方式,你能够将老同事变成新朋友,你的生活也会注入新的能量。

唱歌让人快乐

唱歌时，你既不会惶惶不安，也不会忧心忡忡，因为唱歌能给人带来全身心的放松。即使你是那种不太愿意在公共场合一展歌喉的人，也应该大胆地尝试一下。

你可以循序渐进地展开练习。首先尝试一个人独处时唱歌，比如在洗澡、开车、做饭或者在郊外旅行时唱。接下来，要不要和朋友一起去KTV唱唱歌？这可是一个向朋友展示独自一人洗澡时不断练习的歌曲的好机会。大胆地尝试一回，和朋友一起放开喉咙歌唱吧！

在KTV的小包间里和朋友一起唱歌的最大好处是可以让你熟悉在别人面前唱歌的感觉。当你熟悉了这种感觉，你离登上更大的舞台，在更多人面前一展歌喉也就不远了。

相信我，你会惊喜地发现，唱歌能给你带来巨大的快乐！

勇于冒险！

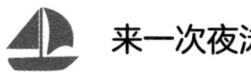 **来一次夜泳**

在我的愿望清单上,有一项长期占据首位:晚上和我的朋友一起去游泳。

晚上和朋友一起游泳能让我回忆起小时候的时光。在学生时代,暑假时我经常和小伙伴们一起跳入湖中游泳。这样令人激动的经历,我没有理由不再体验一次。

不要再犹豫了,晚上与其和朋友待在酒吧里,倒不如赶紧找个机会去游泳吧。如果你读到这段文字的时候是秋天或者冬天,那么你可以去游泳馆游,在那里,你同样可以分泌足够多的肾上腺素。快试试吧!

我的建议:

　　晚上去游泳时,记得带上零食,准备好美妙的音乐,用心营造一个完美的氛围。也许和你一起去的某位朋友还会弹吉他?那么你就有机会伴随着吉他声欣赏美丽的夜景了。

找到平衡点

"我应该换工作吗?""我要不要立刻跟这个人分手?""我要不要下周就辞职,开始环游世界?"当我们被生活的重担压得快要喘不过气来的时候,脑海中常常浮现这样的想法。但是请注意!在你彻底改变生活状态之前,要明白以下几点:

你内心真正渴望的其实是冒险所带来的兴奋、刺激的感觉。你想去探索未知的领域,期待一次充满各种可能性的冒险。你暗自渴望在不可预测的环境中解放天性,不想要别人对你的生活指手画脚。你需要的是给日复一日的平庸生活添加一点调味剂!

所以,你真正需要的可能不是辞职、跟恋人分手,而是重新激发对生活的热情。**接下来的这些练习能够帮你实现这一点,给你的生活带来积极的改变!**

画重点

当你想让生活有所变化时,需要的不是做出极端的根本性的改变,而是学会在按部就班地生活和彻底改变生活状态、追求刺激之间找到平衡点。

探索未知之境

找一个周末,去一个从未去过的地方散散心,听起来怎么样?非常激动人心,是不是?现在,开启一场充满未知的探索之旅吧!

尝试用一整个周末的时间去一个对你来说完全陌生的地方"探险"。最好独自一人前往,如果你不想这样的话,也可以叫上朋友。这场探索之旅可以让你将平凡、程式化的日常生活抛在脑后。试着用一种更开放的心态全身心地投入这场探索之旅中,用心体会扑面而来的新鲜感和陌生感吧!

在开始旅行之前,可以先列一个目的地清单。哪些地方让你向往已久?哪些国家或者城市让你迫不及待地想去探索一番?

我梦想中的旅行目的地

为了寻找灵感，你可以看一看旅游达人的博客或是旅行社推出的旅行套餐。如果你发现了一个不错的目的地，那你还等什么呢？**赶紧收拾行李大胆地踏上旅途吧！**

一场短途旅行不需要你破费太多或是花费很长时间，最关键的是它可以让你打破常规，开始一场充满未知的冒险，以便把生活中的各种琐事抛之脑后。

顺便说一句，我已经养成了在旅行途中写旅行日记的习惯。写日记时，我会记录下精彩的经历，并在日记本上粘贴上旅途中拍摄的照片和景点的门票。当我重新回归平淡无奇的日常生活时，这本日记能够随时让我回想起那段快乐的时光。

我曾经想成为蝙蝠侠

说到美好的回忆,你还能回忆起和朋友们一起度过的青葱岁月吗?随着时间的流逝,或许有些朋友已经搬到了别的城市生活,每个人都有了新的朋友圈,相互之间的往来也渐渐变少了。这真是一个巨大的遗憾!

现在,试着和以前的朋友联系一下,组织一个聚会吧。你们可以一起度过一个晚上,重温旧日时光,找回亲密的感觉。谈一谈你们早就尘封了的梦想,回忆一下曾经的你们对于生活有哪些期待。再想一想:现在的你们已经实现了哪些梦想呢?还有没有一些新的梦想等待着你们去实现呢?

回顾过去能够激励你奋发前进,为现在的生活注入新的动力。

我的建议：

在和旧友聚会的时候，可以带上记录着你们共同经历的旧相簿、来往信件等，这样你们就可以轻松地回忆起那段一起走过的时光。

挑战：三个晚上不看电视！

宅男宅女们注意了！尽管躺在沙发上看电视是一件非常惬意的事，但是现在，是时候对这种生活说再见了！你非常想拥有一些全新的体验，不是吗？**所以现在你要做的是连续三个晚上外出和朋友们聚会。**

我的天哪！连续三个晚上？我的朋友向我推荐这个练习的时候，我的第一反应也是感到不可思议。但是请相信我，这样做是值得的。即使你在经历了一天的工作之后非常疲惫，没有任何外出的动力，你也应该努力使自己振作起来，强迫自己投入社交中。毕竟，在度过三个这样的夜晚之后，你还有大把的时间可以躺在沙发上休息。

你可以和朋友约在酒吧或者餐厅见面，可以去朋友家玩，可以和朋友一起去音乐厅、电影院、参加一项体育运动或者散散步……总之，做

什么完全由你来决定。你可以想一想有哪些你一直想做却没做的事。我打赌,在这个过程中,你一定会有一些新发现!

刚开始,你可能会因为不得不参加社交活动而浑身不自在。你可能还会生自己的气,因为你在逼自己去做一些原本不愿意做的事。但是我可以告诉你:从某种意义上来说,**感到愤怒是有活力的表现!**

随着时间的推移,你会发现,这样做会给你带来积极的影响。事实上,我身边凡是做了这个练习的人,情绪都变得积极了很多(当然也包括我)。

当然，如果你本身就是一个社交达人，常常会提前安排好未来几个晚上的社交活动，那么你可以用完全相反的方式来进行这项挑战：**连续三个晚上独自一人待在家里**。听起来是不是无聊得可怕？这正是我们想要的效果！只有在感到无聊的时候，你才会想到应该做些什么来改变这种状态。从这个角度来看，无聊可以激发你的创造力！

断舍离

俗话说得好:"旧的不去,新的不来。"你现在需要的就是学会断舍离。重新布置房间能够给生活带来更多的可能性。仔细观察一下你的房间,对那些虽然陪伴了你很多年但现在毫无用武之地的物品说再见吧!需要注意的是,此刻你要保证绝对的诚实——要确保那些物品的确是你最近一直没有使用过也没有注意过的。

你可以花30秒的时间来决定是否真的要抛弃某一件物品。如果你真的下定决心要抛弃它,就赶紧行动吧!也不要忘记整理那些你有很深的感情的物品以及亲朋好友赠送给你的礼物——是的,对这些礼物也需要进行断舍离!

进行了断舍离后,你是不是觉得房间焕然一新,充满了生机呢?这可是无须搬家就可以拥有的体验。接下来,你可以改变一下家具摆放的位置或者给墙壁粉刷上新的颜色。这个过程对你来说既是一种享受,也是一次释放压力的好机会。通过断舍离和重新布置房间,你可以将外在和内在的负担通通抛掉。

大功告成之后,你可以邀请朋友们到焕然一新的家中来参加一场小型的"竣工晚会",他们一定会惊喜连连。那时你就会觉得:

一切的努力都是值得的!

真诚地赞美别人

赞美是人际沟通的润滑剂,它能拉近人与人之间的距离,使被赞美的人变得更自信。每个人的身上都有与众不同的闪光点,我们要睁大眼睛,试着去发现别人身上的闪光点。闪光点不局限于这个人自身的优点,还包括他某一天的穿着打扮。大声地说出别人身上的优点吧,你会惊喜地发现,一句真诚的赞美能瞬间卸下对方的防备。

"我可以赞美你吗?"

我的建议：

在某一天上班的路上，送给某个陌生人一个充满善意的微笑吧。你会发现，对方也会迅速地向你报以善意的微笑，而你则会以更加轻松、愉悦和自信的状态开始新的一天。

宽恕与放手

摆脱墨守成规的生活方式,不仅仅意味着你要迎接令人兴奋的新挑战,还意味着你要开始思考自己习以为常的生活方式出现了哪些问题,并且寻求新的你可能并不熟悉的解决问题的方法。

回首往事,你有没有因为发生争吵而与某个朋友断绝往来的经历?或许,现在是时候来解决这样的问题了。

我曾经听过这样一句话:抓住别人的错误不放手的人,最终惩罚的是自己。学会宽恕吧!因为宽恕能够让伤口愈合。

你要学会宽恕与放手,这会让你大大地松一口气,无论你今后是否会继续与这个人保持联系。所以,如果可能的话,找个机会和对方聊一聊吧。你可以给这个人打一个电话、写一封信,或者直接见见他。一次真诚的谈话有助于化解你们之间的矛盾。

谈话时，可以阐述一下你对彼此间的矛盾的真实想法，同时也试着倾听对方的想法。即使你认为自己并没有错，沟通也有利于你面对和解决问题。你们可以设定一个规则：在一个时间段内只有一方能说话，另一方需要认真倾听。

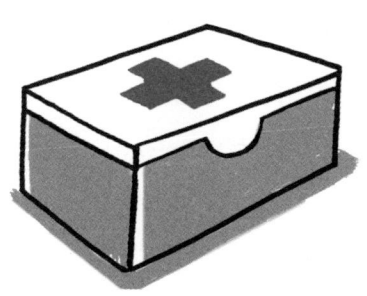

保持诚实

在很多情况下,我们之所以说违心的话,不敢说出内心真实的想法,是因为害怕被别人讨厌、拒绝或是影响彼此间的感情。这很正常,大多数人都是这样,谁会一直说真话呢?

现在,是时候考验一下自己的勇气了:你要一整天都对自己和周围的人保持诚实。

别担心,你不会伤害到任何人,因为这个练习的目的不是让你原原本本地说出内心的全部想法,而是让你倾听自己内心最真实的声音,并且坚持自己的想法与观点。当别人向你提问的时候,请花一点时间好好想想你真正想要的是什么,然后勇敢地说出来吧!当你在一个新项目中被分配了过多任务,当你还想再吃一块糕点,当你某一天不想和闺密聚会……请大声说出来吧!

坚持你的想法，绝对不要掩饰和被别人说服。

我们总是因为渴望被他人喜爱而自觉或不自觉地迎合他人。但是在这一天，你要做的是取悦自己，这也就意味着，你要对自己和你周围的人保持诚实！

拥有直面真实想法的勇气！

派对时间到！

举办一场派对

和朋友们一起举办一场派对不仅能够给你带来诸多乐趣，还能够为生活增添色彩。所以赶快策划一场派对吧，不需要任何契机和理由！

你可以提前准备一张待办事项清单，里面包含所有需要提前明确和准备的事项，比如派对的地点在哪里（如果你不想在家办派对的话）、派对该如何装饰、背景音乐和饮食的挑选等。让你的客人也参与到筹备过程中吧，因为每个人都可以为举办一场丰富多彩的派对贡献智慧。

别担心，一场成功的派对并不需要你破费太多，**最重要的是情绪要到位，氛围要营造好！**

如果你的组织能力较强,可以大胆地尝试举办一场主题派对。你可以从电影、电视剧、短视频等各种作品中汲取灵感。不要限制自己的想象力。事先告诉朋友们派对的主题,以便他们提前做好准备。你会为朋友们的奇思妙想所震撼!

我曾经参加过一场以海盗为主题的派对,我和其他客人一样,都穿上了契合这个主题的服装。那是一次非常有趣的经历,那场奇妙的派对迅速将我从平凡琐碎的日常生活中解放了出来。

培养新爱好

你会不会羡慕那些有很多兴趣爱好的人?这样的人往往对生活充满热情,能以更加积极的心态去面对工作中的压力。所以请你也尝试一下,培养一个适合自己的兴趣爱好吧。

首先,你要搞清楚自己的兴趣爱好是什么:你是更喜欢听音乐、做运动、做手工,还是更想成为一个烹饪高手?你是更喜欢参加聚会,还是更喜欢一个人独处?

最好把那些你感兴趣的、一直以来都渴望尝试的事物全部写下来,做成一个清单。

我的兴趣爱好

明确了自己的兴趣爱好后,你可以通过浏览新闻报道等方式,看一下你所在的城市中有哪些有趣的活动是你可以试着去参加的。你也可以和亲朋好友多多交流,也许他们中的某个人就和你有着相同的爱好,这样你们就能一起行动,相互鼓励,享受这个爱好给你们带来的乐趣。

长期热爱并且认真钻研某个事物能够为生活带来激情和灵感,并且有助于培养专注力。不断地学习新事物不仅能够让我们的思维更活跃,不断萌发新的想法,还能让我们有机会遇到很多志同道合的人,大家可以相互交流,共同进步。

拥有爱好的益处实在是不一而足,对不对?

画重点

爱好能够丰富你的生活,有效地帮你抵御无聊的侵袭——而且这种效果是长远的!

即兴演讲

你有没有进行过即兴演讲?是的,这就是你接下来将要面对的挑战:当你参加一个有很多人在场的活动时,请你试着主动发言,引起周围人的关注。不论是和朋友聚会、和家人在餐厅用餐时,还是上普拉提课时,都可以尝试。大胆地来一场即兴演讲吧!不要提前准备讲稿,你只需要自由地表达想法、抒发情感就可以了。

当然,这意味着你需要从舒适区中向外迈出一大步,但这正是这次练习的核心意义所在。你可能会感到紧张,但是感到紧张是一个积极的信号,因为这意味着你正在走出舒适区,尝试着突破自己的极限。

拿出勇气,积极主动,态度诚恳,这样你就能远离失败!

哇，你已经做到了！

激情催人奋进

祝贺你!当你完成了全部或者仅仅是一部分的练习之后,你就已经多次打破自己固有的生活方式、走出舒适区了。目前你已经拥有了许多激动人心的经历和崭新的生活体验。

现在,给自己一个喘息的机会吧!

别担心,让自己喘口气并不意味着无聊的生活会卷土重来。对于打破常规、尝试新事物,相信现在的你已经有了足够多的点子和灵感。适当地休息可以进一步激发你对生活的热情,帮助你平衡好工作和生活。

学会自我肯定

或许你已经有所察觉,为了让你勇于迈出舒适区,获得更多激动人心的体验,在之前的练习过程中,我会尽量多地给予你一些肯定和鼓励。不过,更重要的是你要学会自我肯定。通过不断地对自己说一些肯定自己所取得的突破的话,你能够进一步改变思想观念,将长期累积的负面情绪转换成积极的想法,从而获得更多能量。

自我肯定是一种常见的而且行之有效的实现改变的方法。你可以这样做：每天早上（如果可能的话，晚上也抽出5~10分钟的时间），关掉手机，让自己的内心保持平静。想几句肯定自己的话（你可以在本书的第96页找到10个例子），在接下来的5~10分钟里，不断地大声重复或者在脑海里默念这些话。全神贯注地聆听和感受这些话，同时努力地排除一切杂念。在这个过程中，你既可以反复重复同样的话，也可以改变这些话的内容。

最重要的是，你要有一种被肯定和鼓励的感觉，并且享受这种感觉。

每天十句自我肯定的话

1. **无论发生什么**,我都感到自由和安全。

2. **我对生活充满激情**,可以从生活中汲取能量。

3. 我能够自由地**深呼吸**。

4. 我能充分地感受到自己具有**充沛的活力**。

5. 我有**时间和机会**做每一件我想做的事。

6. 我过去的人生经验**塑造了**现在的我。

7. 我可以**自由地热爱和享受**生活。

8. 我现在发现**我真的很棒**。

9. 我的每一天都充满了**新的可能性**。

10. 我完全可以**应付任何情况**。

写成功日记

好啦,现在我已经提供了许多不错的建议,你也一定已经跃跃欲试,想去迎接新的挑战。在你开启自己的冒险之旅前,我还想向你提出最后一个建议:**准备一个日记本,把自己成功的经历记录下来。**

在开始做上述30个练习之前,我买了一本漂亮的小笔记本,用来记录我的个人感受、灵感、愿望与目标。时至今日,我都常常翻阅自己记录的这些文字,回忆当时的经历和感受。

写日记的频率和时间完全取决于你,我比较推荐的方式是每天都记录一些自己的经历和想法,这只需要花10分钟的时间就可以做到,具体什么时候写可以自由选择。许多人喜欢在睡前写日记,也有一些人会选择在早晨起床后写。

你还可以用相机记录下生活中的精彩点滴,然后把洗出来的照片粘贴到日记本上,再画一些涂鸦或者用不同的颜色标记出重点。形式多种多样,一切皆有可能!

坚持记录一段时间后,你就可以随时翻阅自己的日记,从中你可以看到自己的生活是如何一点一点地发生改变的,**相信这一定会激励你去不断尝试新事物!**

好了,就这么多!

希望你喜欢阅读这本书,并且迫不及待地想去尝试里面提到的练习。如果你还没有开始的话,就抓紧吧!

每一次,当你鼓起勇气探索未知的世界时,未知的世界的大门就会向你打开。对你来说,成功的经历和失败的经历都是宝贵的,因为这些经历能让你的人生更丰满,你的付出是完全值得的。

当你怀着开放的心态去面对生活,打破原有的条条框框,做出一些不同寻常的改变时,你会不断地发现新的机会。当然,这并不意味着你需要完全放弃过去的生活方式。我们的目标是要在平凡的生活和充满激情的经历之间寻求一个平衡点,从而让你的生活变得更加精彩。对平凡的生活习以为常并没有什么问题,你要做的只是不断地为生活增添一些色彩和活力,而这并不需要你掌握多么复杂的技巧或者做出多么巨大的改变。

毫无疑问,在这个过程中,你会不断积累经验,获得独特的体验,并且建立一种属于自己的探索新领域的模式。不断地尝试新的事物并享受这个过程吧!**我期待与你们的下次相会!**

米苏夫人